ENCYCLOPÉDIE DES CONNAISSANCES AGRICOLES

# Le Tabac

# ENCYCLOPÉDIE
# DES CONNAISSANCES AGRICOLES

PUBLIÉE PAR UNE RÉUNION DE MEMBRES DE L'ENSEIGNEMENT AGRICOLE

SOUS LE PATRONAGE DE MM.

**ADOLPHE CARNOT** — Membre de l'Institut.
**ED. MAMELLE** — Sous-Directeur de l'Agriculture.

ET SOUS LA DIRECTION DE

**E. CHANCRIN**

Ingénieur agronome, Directeur d'École d'Agriculture.

FORMAT IN-16, CARTONNÉ

*Les volumes parus sont indiqués par un astérisque* ✱

## I. — NOTIONS GÉNÉRALES SUR LES SCIENCES APPLIQUÉES A L'AGRICULTURE

✱ **Chimie générale appliquée à l'Agriculture,** par E. CHANCRIN, Directeur de l'École de viticulture et d'agriculture de Beaune. Un vol. . . . . . . . . 2 50

✱ **Chimie agricole,** par E. CHANCRIN, Directeur de l'École de viticulture et d'agriculture de Beaune. Un vol. . . . . . . . 2 50

**Physique et météorologie agricole.** Un vol. . . . . » »

**Histoire naturelle générale.** Un vol. . . . . . » »

*Zoologie agricole.* Un vol. . . . . . » »

*Botanique agricole.* Un vol. . . . . . » »

*Géologie agricole.* Un vol. . . . . . » »

*Microbiologie agricole.* Un vol. . . . . . » »

## II. — AGRICULTURE

**Agriculture générale** (Culture et amélioration du sol), par M. ED. RABATÉ, Professeur départemental d'agriculture de Lot-et-Garonne. Un vol. . . . . . » »

**Agriculture spéciale.** Un vol. . . . . . » »

*Les Céréales*, par A. DESRIOT, Directeur de l'Ecole d'agriculture de l'Allier. Un vol. . . . . . (*Sous presse*) » »

✱ *Les Prairies*, par M. MALPEAUX, Directeur de l'École d'agriculture du Pas-de-Calais. Un vol. . . . . . 1 50

*Les Plantes sarclées* (Betterave, pomme de terre, etc.), par M. MALPEAUX, Directeur de l'École d'agriculture du Pas-de-Calais. Un vol. . . . . . (*Sous presse*) » »

*Les Plantes industrielles.* Un vol. . . . . . » »

*Les Plantes oléagineuses*, par M. MALPEAUX, Directeur de l'Ecole d'agriculture du Pas-de-Calais. Un vol. . . . . . » »

✱ *Les Plantes textiles*, par L. BONNÉTAT, Professeur à l'Ecole d'agriculture de la Vendée. Un vol. . . . . . 50 c.

*Le Tabac*, par F. DE CONFEVRON, Vérificateur de la culture des tabacs. Un vol. . . . . . 75 c.

*Le Houblon*, par G. MOREAU, Professeur de brasserie à l'École nationale des industries agricoles de Douai. Un vol. . . . . . 75 c.

**Culture potagère.** Un vol. . . . . . » »

**Arboriculture.** Un vol. . . . . . » »

✱ **Viticulture moderne,** par E. CHANCRIN, Directeur de l'École de viticulture et d'agriculture de Beaune. Un vol. . . . . . 3 »

# ENCYCLOPÉDIE
# DES CONNAISSANCES AGRICOLES

(*Suite*)

★ **Forêts, Pâturages et Prés-Bois.** Économie Sylvo-Pastorale par A. Fron, Inspecteur adjoint des Eaux et Forêts, Professeur à l'Ecole forestière des Barres. Un vol. . . . . . . . . . . . . . . . . . . . 1 50

**Industries agricoles.** Un vol.. . . . . . . . . . . . . . . . . . » »

*Le Blé, la Farine, le Pain*, Étude pratique de la meunerie et de la boulangerie par Ed. Rabaté, Professeur départemental d'agriculture de Lot-et-Garonne. Un vol. . . . . . . . . . . . . . . . . . » »

*Le Vin*, Procédés modernes de préparation, d'amélioration et de conservation, par E. Chancrin, Directeur de l'Ecole de viticulture et d'agriculture de Beaune. Un vol. . . . . . . . . . . . . . . . . . » »

*Le Cidre*, Guide pratique de production et de préparation, par P. Touchard, Directeur de l'Ecole d'agriculture de la Vendée. Un vol. » »

*Le Sucre*, Procédés de fabrication et utilisation de sous-produits, par G. Pagès, Maître de conférences à l'Ecole nationale d'agriculture de Montpellier. Un vol.. . . . . . . . . . . . . . . . . . . . . » »

★ *La Bière*, Procédés modernes de préparation et utilisation de sous-produits, par G. Moreau, Professeur de brasserie à l'Ecole nationale des Industries agricoles de Douai. Un vol.. . . . . . . . . . . . . . 50 c.

★ *Les Eaux-de-vie et les Alcools*, Guide pratique du Bouilleur de cru et du Distillateur, par G. Pagès, Maître de conférences à l'Ecole nationale d'agriculture de Montpellier. Un vol.. . . . . . . . . . . . . 1 50

★ *Les Essences et les Parfums*, Extraction et fabrication, par A. Rolet, Professeur à l'Ecole d'agriculture d'Antibes, suivi de l'**Essence de térébenthine**, par Ed. Rabaté, Professeur départemental d'agriculture de Lot-et-Garonne. Un vol.. . . . . . . . . . . . . . . . 1 25

★ *Laiterie, Beurrerie, Fromagerie*, par V. Houdet, Directeur de l'Ecole nationale des industries laitières à Mamirolle. Un vol. . . . . . 1 25

★ *Huilerie agricole*, par P. d'Aygalliers, Professeur à l'Ecole d'agriculture d'Oraison. Un vol.. . . . . . . . . . . . . . . . . . . . . . . 75 c.

★ *Les Matières textiles* (Voir le fascicule *Les Plantes textiles* dans l'Agriculture spéciale).

★ *Les Conserves alimentaires* (fabrication ménagère et industrielle), par L. Lavoine, Professeur à l'Ecole d'agriculture de l'Allier. Un vol. 1 80

## III. — LES ANIMAUX

**Les Insectes utiles et les insectes nuisibles à l'Agriculture** (Entomologie agricole). Un vol. . . . . . . . . . . . . » »

**Les Abeilles.** Petit traité d'Apiculture pratique. Un vol.. . . . . . » »

**Les Poissons.** Petit traité de Pisciculture pratique. Un vol. . . . » »

**Les Oiseaux de basse-cour.** Petit traité d'Aviculture pratique. Un vol.. . . . . . . . . . . . . . . . . . . . . . . . . . . » »

**Le Ver à soie.** Petit traité de Sériciculture pratique. Un vol . . » »

**Les Animaux domestiques** (Zootechnie). Un vol. . . . . » »

*Le Cheval et l'Ane*. Un vol.. . . . . . . . . . . . . . . . . » »

*Le Bœuf*. Un vol.. . . . . . . . . . . . . . . . . . . . . . » »

*Le Mouton et la Chèvre*. Un vol. . . . . . . . . . . . . . » »

*Le Porc*. Un vol.. . . . . . . . . . . . . . . . . . . . . . » »

## IV. — GÉNIE RURAL

**Notions sur les constructions rurales.** Un vol. . . . » »

**Machines agricoles et moteurs.** Un vol. . . . . . . . . » »

**Drainage et irrigations.** Un vol. . . . . . . . . . . . . » »

## V. — ÉCONOMIE. LÉGISLATION. COMPTABILITÉ

PORT DU TABAC

ENCYCLOPÉDIE DES CONNAISSANCES AGRICOLES
Publiée sous le Patronage de MM. ADOLPHE CARNOT, Membre de l'Institut,
et Ed. MAMELLE, Sous-Directeur de l'Agriculture
et sous la Direction de M. E. CHANCRIN, Directeur d'École d'Agriculture.

# Le Tabac

PAR

F. DE CONFEVRON
Ingénieur-agronome,
Vérificateur de la culture des tabacs.

FLEUR DU TABAC.



PARIS
LIBRAIRIE HACHETTE ET Cie
79, BOULEVARD SAINT-GERMAIN, 79

1908

## NOTE DE L'ÉDITEUR

*La collection complète de l'Encyclopédie des Connaissances agricoles sera accompagnée d'un petit volume classant par ordre alphabétique toutes les matières qu'elle contient et permettant au lecteur de se servir de l'Encyclopédie comme d'un dictionnaire.*

# PRÉFACE GÉNÉRALE

PAR

**ADOLPHE CARNOT**

Membre de l'Institut.

Un Romain qui savait faire valoir ses terres et qui a écrit, il y a deux mille ans environ, un remarquable traité d'agriculture, Columelle, s'étonnait que l'on n'enseignât pas les travaux des champs, les soins à donner aux animaux domestiques, aux arbres fruitiers, aux vignobles, aux abeilles, etc., pendant que d'autres arts, moins utiles à ses yeux, étaient en grande faveur à Rome.

« Je vois partout, disait-il, des écoles ouvertes aux rhéteurs,
« aux danseurs, aux musiciens; les cuisiniers et les barbiers
« sont en vogue; mais, pour l'art qui fertilise la terre, il n'y a
« rien, ni maîtres, ni élèves.... Et pourtant, quand même nous
« viendrions à perdre ceux qui professent toutes ces choses, la
« République pourrait encore avoir de beaux jours, car nos
« ancêtres, qui ne connaissaient point ces études et n'avaient
« même pas d'avocats, n'en furent pas plus malheureux; tandis
« que la Société humaine ne saurait se passer d'agriculture. »

Certes, depuis cette époque, il a été fait de grands progrès, surtout pendant les derniers siècles. La science, qui a révolutionné l'industrie, a de même rénové l'agriculture ; elle a secoué la routine et porté la lumière dans les vieilles formules empiriques.

Nous ne pouvons plus dire, avec Columelle, qu'on n'enseigne pas l'agriculture; car, depuis 30 ans, en une foule de points de notre territoire, il a été créé des écoles où peuvent s'instruire un grand nombre de nos futurs agriculteurs. L'enseignement agricole supérieur, fondé chez nous avec l'*Institut agronomique* de Versailles en 1848, tout au début de la 2e République, a été, il est vrai, brusquement supprimé par l'Empire en 1852; mais il a été heureusement rétabli à Paris, en 1876, par la 3e République. Il a rendu depuis lors de signalés services, en même temps que les Écoles nationales d'agriculture de Grignon, de Rennes, de Montpellier, les Écoles pratiques d'agriculture, les Fermes-Écoles et les Écoles spéciales de laiterie, de viticulture, d'aviculture, etc., préparaient chaque année plusieurs centaines de jeunes gens à la pratique des bonnes méthodes agricoles.

C'est assurément beaucoup, et pourtant ce n'est pas assez, car l'instruction par des écoles spéciales ne peut atteindre qu'une infime minorité de cultivateurs. Songeons, en effet, que ceux-ci sont au nombre de 22 millions; et il n'y a que 82 établissements d'enseignement supérieur ou professionnel agricole! Aussi peut-on dire encore aujourd'hui, au vingtième siècle, que l'agriculture française souffre toujours d'une ignorance trop générale.

Il est urgent d'y porter remède. Pour le présent, il faut, le mieux possible, répandre l'instruction pratique dans le monde des cultivateurs. Pour l'avenir, il faudra que les enfants de la campagne trouvent à l'école primaire les éléments d'une instruction professionnelle, qui développe en eux le goût des occupations rurales et qui les prépare à les exercer fructueusement. Il le faut dans leur propre intérêt. Il le faut aussi dans l'intérêt de la France: car notre pays a besoin de pouvoir compter sur un personnel instruit et vaillant pour ne pas succomber dans les luttes économiques, qui ne peuvent que devenir de plus en plus ardentes.

Pour les cultivateurs praticiens, comme pour les élèves et pour leurs maîtres de l'école primaire ou de l'école normale, le meilleur outil à mettre entre leurs mains, c'est le livre, écrit pour eux, simple, clair et à bon marché, qui puisse leur servir d'appui ou de guide, où soient exposées les opérations de culture ou d'industrie agricole, avec la précision de détail nécessaire pour en assurer le succès.

Tel est le but que s'est proposé le distingué sous-Directeur de l'Agriculture, M. Mamelle, et qu'il s'est efforcé d'atteindre avec l'aide de son dévoué collaborateur, M. Chancrin, en créant une Encyclopédie des Connaissances agricoles.

Il existe déjà plusieurs encyclopédies d'agriculture, mais d'un caractère sensiblement différent. La plupart, à raison de leur étendue et de leur prix relativement élevé, s'adressent à un public plus instruit et plus fortuné; d'autres, en se maintenant dans des considérations trop générales, ne donnent pas satisfaction aux praticiens et vont plutôt à des amateurs, plus curieux de connaître les principes que les détails d'exécution des diverses opérations agricoles.

L'*Encyclopédie des Connaissances agricoles* s'attache, au contraire, à justifier son titre en fournissant aux cultivateurs et industriels, qui ont une instruction moyenne ou même élémentaire, les connaissances nécessaires à la pratique raisonnée de leur métier.

Elle comprend une série de petits volumes qui ont été écrits par des Membres de l'Enseignement agricole, spécialistes distingués, s'étant adonnés à la culture, à l'élevage du bétail, aux soins de la basse-cour, ou aux différentes industries agricoles. Non seulement les auteurs ont étudié de près les opérations qu'ils décrivent; mais leur habitude de l'enseignement a développé chez eux la faculté de vulgariser la science et d'en exposer méthodiquement les matières pour les faire bien comprendre du lecteur.

Les auteurs de l'*Encyclopédie des Connaissances agricoles* ont jugé utile de consacrer quelques-uns des petits volumes à l'exposé de notions scientifiques générales, que beaucoup de cultivateurs peuvent ignorer et qui sont cependant indispensables pour comprendre les explications techniques d'autres volumes. C'est ainsi que, pour rendre accessible à tous un volume de *Chimie agricole,* il a paru nécessaire de rédiger aussi un petit abrégé de *Chimie générale*, où se trouvent plus particulièrement expliqués les termes et les faits qui sont invoqués dans la chimie agricole. Il en est de même pour la physique et pour l'histoire naturelle appliquées à l'agriculture.

Les petits volumes de l'Encyclopédie seront particulièrement utiles aux élèves des Écoles pratiques d'Agriculture, qui ne peuvent pas toujours prendre des notes suffisantes en écoutant les leçons de leurs professeurs et qui y trouveront une source précieuse d'informations.

On peut croire qu'ils seront aussi fort appréciés des jeunes gens qui, après les études des lycées, des collèges ou des écoles primaires supérieures, voudront s'adonner aux occupations agricoles. Car, à côté de l'exposé précis de la pratique usuelle, ces petits livres leur présenteront la théorie qui l'explique et qui parfois leur permettra de l'améliorer.

ADOLPHE CARNOT,
Membre de l'Institut,
Ancien professeur à l'Institut agronomique,
Membre de la Société nationale d'Agriculture de France,
Ancien directeur de l'École supérieure des Mines.

# INTRODUCTION

*En rédigeant cette étude, je me suis efforcé d'en éliminer, autant que possible, les formules et les considérations trop exclusivement scientifiques. Je ne me dissimule pas qu'elle aurait pu donner lieu à de tout autres développements; mais, mon but était, d'une part, de présenter un guide pratique aux agriculteurs désireux de se livrer dans de bonnes conditions à la culture du tabac, d'autre part, de fournir un ensemble de renseignements généraux aux personnes que pourrait intéresser cette branche de notre production indigène.*

*Je m'estimerai donc heureux si j'ai pu me rapprocher de ce double objectif à la satisfaction de mes lecteurs.*

# LE TABAC

## CHAPITRE I

## GÉNÉRALITÉS

**1. Historique.** — Le Tabac fut, dit-on, découvert à la fin du xv^e siècle, dans l'Amérique Centrale, par les Espagnols venus à la suite de Christophe Colomb. Introduit dans notre pays en 1560, par Jean Nicot, ambassadeur de France en Portugal, son usage se répandit assez rapidement, en dépit des diverses mesures d'interdiction dont il fut d'abord l'objet : peut-être devrions-nous dire à la faveur même de celles-ci.

Le premier, Richelieu imagina de faire du tabac une source de bénéfices pour le trésor et le frappa d'une taxe. Quelque cinquante ans plus tard, Louis XIV jetait les bases du monopole qui, après avoir subi bien des vicissitudes, devait être supprimé pendant la Révolution puis définitivement rétabli par Napoléon, en 1810.

**2. Caractères généraux.** — Le tabac ou Nicotiana est un genre botanique appartenant à la famille des *Solanées*.

Les plantes qui s'y rattachent renferment toutes, mais en proportion variable, un principe spécial, alcaloïde très vénéneux, appelé « Nicotine[1] ». Elles présentent, entre autres caractères qui leur sont communs, des fleurs à pétales soudés, des feuilles alternes, des fruits en forme de capsules (fig. 1 et 2). Sur le mode d'ouverture de ceux-ci, quand leur maturité complète permet aux graines de s'échapper, on a basé la distinction, dans le

1. Voir *Chimie générale appliquée à l'agriculture*, page 245 (Encyclopédie des connaissances agricoles).

genre tabac, de certains groupes ou sous-genres. Nous n'en mentionnerons que deux, particulièrement intéressants.

FIG. 1. — PORT DU TABAC.

1° ***Le Nicotiana tabac, ou tabac proprement dit.*** — Seul, il fait l'objet d'une culture industrielle en France. Les fleurs en sont roses ou rouges, les feuilles, de forme et de dimension variables, sont complètement ou à peu de chose près, dépourvues de pétioles.

Le Nicotiana tabac se subdivise lui-même en un grand nom-

FIG. 2. — BRANCHE FLEURIE DU TABAC ET FLEUR ISOLÉE.

bre de variétés. Les unes, plus grossières et plus riches en nicotine, sont cultivées de préférence pour la production de poudre ou prise, comme « le Nykerk » et « l'Auriac ». Les autres, plus fines et plus combustibles, servent à la preparation des produits à fumer : tels sont « le Havane », « le Paraguay », etc.

2° ***Le Nicotiana rustique*** est cultivé en Orient. Ses feuilles ont un petiole bien distinct et ses fleurs sont jaunes.

**3. Conditions climatériques et météorologiques.** — Le tabac est cultivé sous toutes les latitudes comprises entre la

Suède méridionale et la zone tropicale. C'est donc une plante peu difficile sous le rapport du climat.

Il semble toutefois qu'elle ait besoin d'une température chaude, analogue à celle de son pays d'origine, pour atteindre au plus haut degré les qualités d'arome et de parfum qui, en même temps que la combustibilité, sont recherchées dans les produits à fumer. C'est ainsi que les Antilles et le Brésil nous fournissent nos meilleurs cigares. Quant à la forte proportion de nicotine et au piquant qui sont surtout appréciés pour la fabrication de la poudre, on peut bien les obtenir sous des climats septentrionaux. Nous citerons les crus très appréciés de la Hollande.

Les résultats de la culture du tabac se trouvent dans une très large mesure subordonnés aux conditions météorologiques. On peut dire d'une façon presque absolue que les étés secs correspondent à de faibles rendements en poids. C'est surtout pendant les mois de juillet et août, époque de la pleine végétation, que des pluies modérées sont nécessaires.

Une remarque est à faire ici au point de vue spécial de la teneur en nicotine qui, à conditions égales d'ailleurs, semble être d'autant plus faible que la quantité d'eau tombée a été plus considérable ; ce dernier facteur paraît exercer aussi une influence sur la combustibilité mais en sens contraire.

**4. La culture du tabac en France.** — ***Son importance.*** — La culture du tabac, en France, s'étend sur une surface totale d'environ 16 500 hectares répartie dans 27 départements. Parmi ceux-ci, trois se livrent à la production de « tabacs corsés » (à priser et à chiquer) ce sont : le Lot, l'Ille-et-Vilaine et le Nord ; vingt-trois nous fournissent des tabacs légers (à fumer) : Pas-de-Calais, Meurthe-et-Moselle, Vosges, Meuse, Haute-Saône, Haute-Marne, Côte-d'Or, Ain, Isère, Savoie, Haute-Savoie, Drôme, Vaucluse, Bouches-du-Rhône, Var, Alpes-Maritimes, Haute-Garonne, Hautes-Pyrénées, Landes, Gironde, Dordogne, Corrèze, Puy-de-Dôme ; un autre enfin produit à la fois des tabacs corsés et légers, c'est le Lot-et-Garonne.

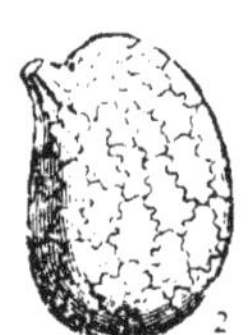

Fig. 3.
Fruit du tabac.
*1. capsule mûre ; 2. graine très grossie.*

Tout cet ensemble correspond à une production de 26 millions de kilogrammes représentant, approximativement, 24 millions de francs.

***Régime auquel elle est soumise.*** — Le monopole, dont nous avons parlé, comporte, au point de vue culture, une réglementation dans le détail de laquelle nous ne pouvons entrer ici, le cadre de cette étude ne le permettant pas. — Nous nous bornerons à donner sur ce point quelques indications succinctes.

Dans chacun des départements cités plus haut, la permission de produire du tabac est accordée à un plus ou moins grand nombre de communes. Les habitants de celles-ci, désireux de se livrer à la culture qui nous occupe, sont admis à en faire la déclaration dans les mairies aux jours fixés par l'autorité préfectorale et portés d'avance à la connaissance du public. Ils doivent livrer la totalité de leurs récoltes à l'Administration, les prix d'achat étant fixés par le Ministre des Finances et les produits classés par des commissions spéciales.

Dans un petit nombre de départements, les planteurs ont la faculté d'exporter leurs produits à l'étranger.

REMARQUE. — Le tabac, dont l'usage est partout répandu, ne correspond à aucune nécessité. Aussi, plusieurs États ont-ils, comme la France, jugé à propos d'en monopoliser la fabrication et la vente qui leur permet de réaliser des bénéfices considérables. Nous citerons l'Autriche-Hongrie, l'Italie, l'Espagne, la Turquie, le Portugal et le Japon.

***Les divers travaux qu'elle comporte.*** — La culture du tabac nécessite une série de travaux qui peuvent se rattacher aux périodes suivantes : *Préparation des terres. — Établissement des semis et soins ultérieurs que ceux-ci réclament. — Plantation et travaux d'été. — Récolte, dessiccation et livraison.*

Nous examinerons successivement ces différentes phases, nous réservant de fournir, en dernier lieu, quelques indications sur les ennemis du tabac.

CHAPITRE II

# CHOIX ET PRÉPARATION DES TERRES

## ENGRAIS A EMPLOYER

**5. Choix d'un terrain.** — Le sol destiné à la culture du tabac doit être de bonne fertilité. — S'il est enrichi de longue date par des fumures abondantes, on pourra en attendre des résultats particulièrement avantageux. On doit, en outre, rechercher certain nombre de conditions que nous allons énumérer.

1° ***Profondeur.*** — C'est un fait souvent observé que le tabac prospère dans un sol profond, mieux que dans tout autre, à conditions égales d'ailleurs.

Grâce à cette qualité du terrain, le végétal peut chercher au loin les matières nutritives et surtout l'eau qui lui est nécessaire. Les résultats comparatifs obtenus pendant certaines années sèches sont particulièrement probants à cet égard.

2° ***Salubrité.*** — Pour absorber les substances utiles, les racines du tabac doivent rencontrer une certaine humidité, mais il ne faut pas que celle-ci soit exagérée sous peine de favoriser le développement de diverses maladies.

3° ***Bonne consistance.*** — Les terrains compacts, trop argileux ne se prêtent que difficilement à acquérir l'ameublissement nécessaire. Ils donnent des tabacs grossiers dont la couleur est peu satisfaisante après dessiccation.

Les terrains sableux, trop légers ne fournissent, en général, que des produits imparfaitement développés et sujets à souffrir de la sécheresse.

4° ***Bonne exposition.*** — Les cultures de tabac, exposées entre toutes à être gravement éprouvées par les accidents météorologiques, doivent être, autant que possible, situées à l'abri des vents dominants.

*En résumé, on choisira de préférence un sol argilo-calcaire ou argilo-siliceux, perméable, de consistance moyenne et suffisamment riche, situé à flanc de coteau en pente douce ou au fond d'une vallée bien drainée.*

**6. Assolement.** — Le tabac, en France tout au moins, ne fait souvent pas partie d'un assolement déterminé. Convenablement fumé, il semble pouvoir se succéder presque indéfiniment à lui-même. Les récoltes consécutives obtenues ainsi gagnent, dit-on, en finesse et en qualité.

La prolongation exagérée de la culture du tabac sur un même terrain paraît cependant de nature à favoriser certaines maladies parasitaires.

Tant à ce point de vue que sous le rapport de la bonne utilisation des matières fertilisantes, il serait, peut-être, plus avantageux de faire entrer le tabac dans un assolement.

Les fortes fumures dont il doit être l'objet le désigneraient pour en occuper la tête, les cultures ultérieures venant ensuite utiliser les éléments nutritifs non employés.

Nous recommanderons la rotation suivante :

1° Tabac;
2° Blé;
3° Orge ou avoine;
4° Trèfle;
5° Pommes de terre.

**7. Labours.** — Toutes les fois que l'on a affaire à une terre plutôt forte, il faut donner avant l'hiver ou à son début, un *premier labour* de 25 centimètres au moins, qui facilite l'action des agents atmosphériques et favorise l'émiettement du sol par suite des alternatives de gel et de dégel.

On peut avec avantage compléter cette première façon aratoire par un défoncement élémentaire. Pour cela on fait suivre la première charrue d'une seconde qui, dépourvue de versoir, fait foisonner la terre sur une profondeur de 10 à 15 centimètres, sans la ramener à la surface.

*Un deuxième labour* sera exécuté après l'hiver, puis un troisième, à 10 ou 12 centimètres, qui, ayant lieu quelques jours avant la plantation, sera complété par des façons à la herse pour arriver à l'égalisation parfaite du sol.

En terrain léger, ou déjà ameubli par la culture précédente, le premier labour peut être sans inconvénient supprimé ou, plus exactement, reporté à la sortie de l'hiver.

Certains producteurs de tabac travaillent leurs terres à la bêche. Bien que cette méthode donne des résultats excellents, elle nous paraît correspondre à une dépense de main-d'œuvre trop élevée pour que nous osions la recommander de façon générale.

**8. Engrais.** — Les labours dont nous venons de parler ont un autre but que d'ameublir le sol: ils permettent aussi de lui incorporer les engrais nécessaires.

Le tabac présente une période de végétation fort courte, car il n'occupe guère le sol que pendant trois mois.

Les éléments fertilisants nécessaires à son développement doivent donc lui être fournis sous une forme telle qu'ils puissent être rapidement utilisés : c'est-à-dire que les engrais facilement assimilables ont à jouer un rôle important dans la culture qui nous occupe.

***Quelles sont les exigences du tabac en principes fertilisants.*** — D'après Boussingault, la production de 100 kilogrammes de feuilles sèches de tabac nécessite l'absorption par les plantes de

| | |
|---|---|
| Azote | 12 kg. 6 |
| Potasse | 13 kg. |
| Acide phosphorique[1] | 3 kg. 2 |

Si nous appliquons ces chiffres à la production de 2300 kilogrammes de feuilles qui représente une belle récolte pour un hectare, nous trouvons qu'elle a nécessité l'emploi de

| | |
|---|---|
| Azote | 289 kg. |
| Potasse | 299 kg. |
| Acide phosphorique | 73 kg. |

Pour chacun de ces divers éléments, la quantité que nous indiquons comme étant mise en œuvre dans un hectare de tabac se rapporte à la totalité des plantes formées y compris les tiges, racines et divers déchets éliminés au cours de la végétation. Une partie seulement de l'azote, de la potasse et de l'acide phosphorique se trouve fixée dans les feuilles et, par conséquent, exportée de la ferme avec celles-ci, soit :

| | |
|---|---|
| Azote | 105 kg. |
| Potasse | 69 kg. |
| Acide phosphorique | 16 kg. |

Le reste y fait retour de façon plus ou moins complète.

On voit ainsi que, si la culture du tabac exige la présence dans le sol d'une forte proportion de matières fertilisantes, surtout au point de vue de l'azote et de la potasse, elle n'est pas pour cela exceptionnellement épuisante.

***Dans quelle mesure les engrais doivent-ils intervenir et donner à une plantation les éléments qui lui sont nécessaires?*** — Impossible de rien dire d'absolu à cet égard, la réponse étant, bien entendu, subordonnée à la richesse du sol considéré. Nous ne pouvons fournir à ce point de vue que des indications tout à

1. *Les Engrais*, par GAROLA, p. 124.

fait générales et se rapportant à des conditions en quelque sorte théoriques.

Nous examinerons successivement la question au point de vue de chacun des trois éléments principaux : *Azote, Potasse, Acide phosphorique.*

1° *Au point de vue de l'Azote.* — Nous imaginerons l'hypothèse d'un sol de bonne fertilité, c'est-à-dire contenant pour le moins 1 gramme d'azote par kilogramme de terre[1].

Dans ce cas on peut admettre avec M. Garola qu'il suffit d'apporter avec les engrais le tiers environ de l'azote total mis en œuvre par la culture considérée, celle-ci recourant au sol pour le surplus dont elle a besoin.

Nous aurons donc à fournir 96 *kilogrammes d'Azote* par hectare.

La présence d'une forte proportion d'azote assimilable dans le sol augmente la teneur en nicotine et la force du tabac. C'est là, pour les produits à fumer, un inconvénient auquel on peut remédier en élevant le nombre de pieds par hectare ou le nombre de feuilles par pied.

2° *Potasse.* — Le tabac a, comme nous l'avons vu, des exigences considérables au point de vue de la potasse. Cet élément présente une importance toute particulière pour les produits à fumer. A part certaines restrictions, on peut dire, en effet, que les tabacs sont d'autant mieux combustibles qu'ils renferment une plus forte proportion de potasse dans leurs tissus.

Dans un sol riche, c'est-à-dire dosant plus de 2 grammes de potasse par kilogramme de terre, on pourrait, semble-t-il, se contenter de restituer la quantité annuellement exportée par les feuilles. Mais le tabac a besoin, nous l'avons dit, de trouver des éléments rapidement utilisables et, d'autre part, la potasse du sol est plus ou moins engagée dans des combinaisons qui ne la cèdent que lentement. Le mieux serait — à notre avis, — d'apporter avec les engrais la moitié au moins de la totalité mise en œuvre, c'est-à-dire 150 *kilogrammes.*

3° *Acide phosphorique.* — Nous sommes peu renseignés au sujet de l'influence de l'acide phosphorique sur la végétation et sur les qualités du tabac. Il semble toutefois que sa présence en trop forte proportion pourrait diminuer la combustibi-

---

1. Remarque. — Les bases que nous donnons au sujet de la richesse d'un terrain en tel ou tel élément n'ont rien d'absolu en ce qui concerne les ressources vraiment disponibles que peuvent y trouver les végétaux. Elles sont fournies par des analyses chimiques, alors que, seuls, des essais culturaux peuvent renseigner exactement sur ce point.

lité des produits. Dans une terre dosant au moins 1 pour 1000 d'acide phosphorique, on peut se contenter, en général, de restituer ce principe dans la mesure où il est exporté par les feuilles, c'est-à-dire à raison de *16 kilogrammes* par hectare.

*En résumé*, pour un sol de bonne fertilité, l'apport annuel d'éléments nutritifs doit comprendre :

96 kilogrammes d'azote ;
150 kilogrammes de potasse ;
16 kilogrammes d'acide phosphorique.

***Comment et sous quelle forme les principes nutritifs doivent être donnés.*** — De l'avis des praticiens les plus autorisés, une certaine place doit toujours être ménagée au fumier. On ne saurait le supprimer complètement sans diminuer la qualité et la quantité des produits. Les heureux effets du fumier sont dus à la constitution de l'humus dont il fournit les éléments[1].

*Le mieux est d'associer dans une juste proportion l'usage du fumier à celui des engrais chimiques.*

En général, la dose de fumier ne doit pas descendre au-dessous de 15000 kilogrammes par hectare. Si la terre est plutôt forte, on le choisira pailleux et l'enfouira avant l'hiver. Si elle est perméable et légère, on pourrait craindre, en procédant de même, qu'une notable partie des éléments fertilisants ne soit entraînée dans le sous-sol et perdue au cours de la période des pluies. On profitera donc, dans ce dernier cas, du premier labour de printemps pour enfouir un fumier déjà en bonne voie de décomposition.

Si l'on en croit certains praticiens, la préférence doit être accordée au fumier d'étable qui serait plus favorable à la qualité des tabacs que celui d'écurie ou de bergerie.

Les 15000 kilogrammes dont nous avons parlé, contiennent approximativement[2].

67 kilogrammes d'azote ;
67 kilogrammes de potasse ;
34 kilogrammes d'acide phosphorique.

Pour le surplus, on pourra faire appel aux engrais chimiques. Ceux-ci ont un double avantage. D'une part, ils fournissent des matières nutritives rapidement assimilables, d'autre part, leur emploi permet de régler l'apport de chaque élément suivant les besoins propres du sol considéré.

---

1. *Chimie agricole* (Encyclopédie des Connaissances agricoles), p. 134.
2. Id. p. 124.

En ce qui concerne le choix de ces engrais, disons que les chlorures doivent être éliminés tout au moins en ce qui concerne le tabac à fumer, car d'après les études de M. Schlœsing, ils nuisent à la combustibilité des produits.

*Au point de vue de l'azote.* — On pourra compléter la fumure en employant 150 kilogrammes de sulfate d'ammoniaque ou 200 kilogrammes de nitrate de soude. Il semble que la préférence doive être généralement accordée à celui-ci, sauf dans les terres fortes argilo-calcaires. (Voir *Chimie agricole*, p. 146.)

L'emploi de ces engrais doit, d'ailleurs, être toujours restreint à une dose modérée, leur usage abusif donnant des tabacs grossiers qui sèchent difficilement et se colorent mal. Le sulfate sera enfoui à une faible profondeur par le dernier labour, quelques jours avant la plantation. Quant au nitrate, il sera de préférence, répandu en couverture lorsque les racines du tabac ont déjà acquis un certain développement. On procédera ensuite à un léger binage.

C'est à notre avis, une méthode défectueuse que celle qui, lors du buttage (opération dont nous parlerons plus loin) consiste à disposer le nitrate en petites masses distinctes à la base des sujets. De cette façon, on constitue, auprès des jeunes plantes, des dissolutions trop concentrées qui peuvent leur être nuisibles. D'autre part, au moment du buttage, les parties les plus actives du système radiculaire sont déjà à une certaine distance de leur point de départ et ne peuvent pas profiter des aliments qui y sont placés.

*Au point de vue de la potasse*, le supplément sera fourni par 200 kilogrammes de sulfate de potasse introduits dans le sol en même temps que le sulfate d'ammoniaque.

*Au point de vue de l'acide phosphorique.* — Le fumier apporte cet élément en quantité largement suffisante pour compenser l'exportation annuelle par les feuilles. On peut s'en contenter dans une terre déjà riche : mais pour un sol renfermant moins de 1 pour 1000 d'acide phosphorique, il faudrait recourir, comme complément, à des superphosphates. La dose de 260 kilogrammes par hectare ne doit être que rarement dépassée.

Les superphosphates seraient avantageusement remplacés par des scories dans un terrain pauvre en chaux.

Avant de clore cette question du choix des engrais, il nous reste à dire quelques mots des *tourteaux* d'huilerie recommandés à juste titre pour la culture qui nous occupe. Ce sont des produits végétaux qui se décomposent assez rapidement dans le sol et agissent surtout par l'azote qu'ils renferment. Loin de nuire à la qualité du tabac, leur emploi semble l'améliorer en rendant les feuilles plus souples et plus gommeuses.

Ces engrais, qui ne sauraient d'ailleurs remplacer le fumier de ferme, peuvent avec avantage intervenir dans son complément. On doit les introduire superficiellement dans le sol, peu de temps avant la plantation ou bien les utiliser en couverture.

Les tourteaux ont une composition qui varie avec leur origine. Ceux de Sésame blanc renferment (pour 100) :

Azote = 6.5. Acide phosph. = 2.6. Potasse = 1.

(*Chimie agricole*, page 130).

***Usage des engrais dans la pratique***. — Pour résumer ce qui vient d'être dit, nous conseillerons d'employer à l'hectare les doses suivantes d'engrais :

15 000 kilog. de fumier.
150 kilog. de sulfate d'ammoniaque ou 200 kilog. de nitrate de soude.
200 kilog. de sulfate de potasse.

Ou encore :

15 000 kilog. de fumier.
500 kilog. de tourteaux.
100 kilog. de sulfate de potasse.

Ces formules sont celles qui paraissent, le mieux s'approprier à un sol de bonne fertilité moyenne.

Dans tout ce qui précède, en effet, nous avons envisagé le cas particulier d'un sol abondamment pourvu de chacun des principaux éléments nutritifs. En pratique, il est rare que notre hypothèse soit complètement réalisée. On devra alors modifier les doses théoriques indiquées en augmentant d'autant plus la proportion de tel ou tel élément que le sol en sera moins bien fourni par lui-même.

Les engrais chimiques seront achetés séparément et sous une forme permettant, autant que possible, de découvrir facilement les fraudes.

On ne peut que critiquer la tendance de certains producteurs à faire l'acquisition d'engrais chimiques dits « complets » dans lesquels les divers éléments sont dans une proportion uniforme quel que soit le terrain auquel ils s'adressent.

Il peut arriver ainsi que l'acide phosphorique, par exemple, soit acheté, à un prix beaucoup supérieur à sa valeur, pour un sol qui n'en a nul besoin.

CHAPITRE III

# LES SEMIS

**9. Généralités.** — ***Les graines de tabac*** sont distribuées gratuitement aux planteurs par les soins de l'Administration. Leur finesse est extrême, à tel point que un centimètre cube en renferme, dit-on, jusqu'à 8000. Leur densité est d'environ 0,5.

***Utilité des couches.*** — La culture du tabac dans les régions septentrionales nécessite en premier lieu l'établissement de couches analogues à celles dont font usage les jardiniers. Les jeunes tabacs y trouvent, à l'abri des intempéries, une température égale et chaude, une nourriture abondante, bref les conditions les plus favorables à leur developpement rapide.

Dans certaines régions dont le climat est particulièrement doux, on peut établir des semis à l'air libre. Pour le Nord et l'Est de la France, cette méthode a l'inconvénient de laisser une trop grande influence aux conditions météorologiques.

Nous allons indiquer des dispositions généralement en faveur pour l'établissement des semis.

**10. Confection des couches** (fig. 4). — Les couches comportent un encadrement en bois placé à la surface du sol et dont

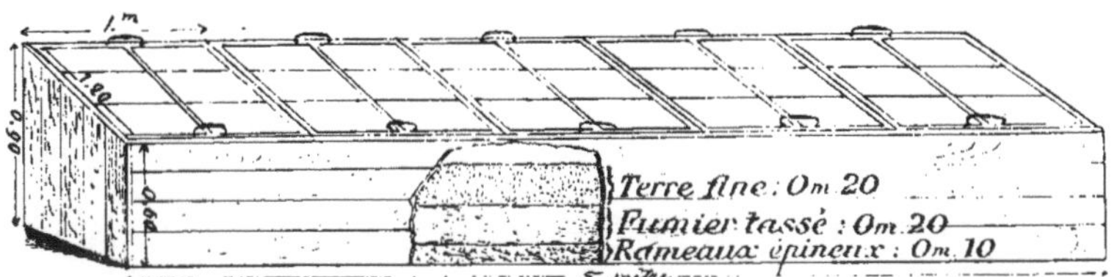


Fig. 4. — Couche a tabac.

la largeur ne dépasse guère 1 m. 20, sa longueur étant proportionnée à l'importance de la culture. 4 à 5 mètres carrés suffisent en général, pour approvisionner une surface de dix ares et nécessitent l'emploi de 3 centimètres cubes et demi de graines, environ. La hauteur de la paroi antérieure est de

60 centimètres et celle de la paroi postérieure, de 90 centimètres. Les côtés ont une disposition voulue pour que la surface du cadre constitue, en quelque sorte, un plan incliné sur lequel viendront s'appliquer exactement des châssis. Ceux-ci, ordinairement en bois, sont recouverts de papier rendu translucide par l'application de plusieurs couches d'huile. Ils peuvent aussi être garnis de vitraux. La longueur de chacun, correspondant à la largeur du semis est de 1 m. 20, sa largeur n'excède pas 1 mètre.

Au fond du cadre, on peut placer sur une hauteur de 10 centimètres, des rameaux épineux destinés à gêner les incursions des taupes. Vient ensuite une couche de 20 *centimètres de fumier frais*, convenablement tassé, qui par sa fermentation, développera une partie de la chaleur nécessaire aux jeunes plants.

Ce fumier est lui-même recouvert de *15 ou 20 centimètres de terre criblée*. Celle-ci doit être de bonne qualité, bien meuble, de préférence argilo-calcaire. Elle aura été précédemment fertilisée par l'addition de fumier décomposé et de purin.

Les semis sont, autant que possible, exposés au sud. Des abris artificiels peuvent, au besoin, les protéger contre l'action des vents dominants.

La surface de la couche sera légèrement tassée, nivelée et arrosée avant de recevoir les graines.

Celles-ci sont, au préalable, quelquefois soumises à une germination dite artificielle qui permet de gagner du temps.

**11. Germination artificielle et ensemencement.** — Pour que les graines de tabac germent bien et le plus rapidement possible, il faut qu'un certain nombre de conditions se trouvent réunies :

1° *Aération*. — La germination étant accompagnée d'une respiration active, les semences devront être placées dans un milieu aéré.

2° *Température*. — Il existe pour la graine de tabac une température qui correspond à la plus grande rapidité possible de sa germination. Cette température spéciale, voisine de 27 degrés pour des semences de l'année précédente, paraît être variable, s'élevant légèrement quand les graines sont plus âgées.

3° *Humidité*. — Le degré d'humidité le plus favorable à une germination rapide semble être assez proche de la saturation, pour une température donnée.

Les producteurs réalisent approximativement ces conditions en procédant de la façon suivante : ils mélangent les semences à 10 fois environ leur volume de terre de saule ou de sable fin et enferment le tout dans un tissu poreux qu'ils tiennent à distance convenable de quelque foyer de chaleur, en l'humectant fréquemment d'eau tiède.

Au bout de quatre à cinq jours, d'ordinaire, les plantules rompent leurs téguments et apparaissent sous l'aspect de points blancs. C'est le moment qu'il faut choisir pour procéder à l'ensemencement.

***Ensemencement.*** — Il a généralement lieu à la fin de mars ou au commencement d'avril. Ce travail est le plus souvent pratiqué à la main.

Les semences doivent être réparties également à la surface de la couche; aussi est-il commode, pour faciliter cette opération, de les mélanger à une substance pulvérulente, dont la couleur tranche sur celle du terreau.

Elles sont ensuite recouvertes de 3 ou 4 millimètres de terre fine. L'ensemencement est suivi d'un arrosage.

**12. Divers soins réclamés par les semis.** — La couche devra dans la suite être constamment maintenue à un certain degré d'humidité. Pour arriver à ce résultat, on fait usage d'eau tiède.

Quand l'ensemencement a été pratiqué à l'aide de graines germées, les plants commencent, d'ordinaire, à paraître au bout de trois ou quatre jours.

La levée terminée, il est bon de *tasser modérément la surface de la couche*. Cette précaution paraît d'autant plus nécessaire que le terreau employé est plus léger, plus susceptible de se soulever.

Des *sarclages* sont pratiqués de bonne heure, quand les mauvaises herbes ne présentent encore qu'un faible développement.

Presque toujours, il est indispensable de procéder à des *éclaircissages*. A défaut de ceux-ci, les jeunes tabacs trop rapprochés resteraient incapables de prendre la vigueur désirable.

Aux deux dernières opérations que nous venons de citer, il faut en joindre une autre qui leur est consécutive et ne doit jamais être négligée. Elle consiste à *rechausser les jeunes plants en criblant de la terre fine à la surface des semis.*

Il convient d'habituer peu à peu les tabacs au grand air. Aussi, après avoir d'abord maintenu les châssis constamment baissés, les soulève-t-on progressivement à partir du moment où les plants commencent à prendre 6 feuilles, pour les supprimer, enfin, de façon complète durant les quinze derniers jours.

***Pépinières.*** — L'usage de la pépinière consiste à enlever les tabacs de la couche dès qu'ils présentent un certain développement pour les repiquer en pleine terre, sur un sol aménagé à cet effet et où ils achèvent d'acquérir le développement convenable, avant leur transplantation définitive.

Certains praticiens attribuent des mérites tout particuliers aux sujets de pépinière. Par ailleurs, la méthode en question n'est pas sans provoquer quelques critiques dont la mieux fondée repose sur ce fait qu'elle impose aux jeunes plants deux périodes de souffrance au lieu d'une seule.

Quoi qu'il en soit, l'emploi des sujets fournis par les éclaircissages pour la confection de pépinières est recommandable, car il augmente sensiblement les ressources fournies par une surface donnée de semis.

En outre, les plants ainsi repiqués sont, en général, plus résistants et, surtout, plus hatifs, ce qui constitue un avantage au point de vue du remplacement tardif des pieds manquants sur le terrain.

C'est au moment où les jeunes tabacs ont six feuilles qu'ils paraissent le mieux se prêter à la confection de pépinières.

**13. Extraction des plants.** — Vers le 20 mai, soit, environ, deux mois après l'ensemencement, les sujets ont généralement acquis un développement qui permet de les utiliser pour la plantation. Ils doivent avoir, autant que possible, 8 ou 10 centimètres de hauteur. On en fait un choix minutieux au fur et à mesure des besoins, n'employant que ceux qui présentent toute la vigueur désirable.

CHAPITRE IV

# PLANTATION ET TRAVAUX D'ÉTÉ

**14. Plantation.** — Le tabac est planté à raison d'un certain nombre de pieds par hectare, autrement dit d'une certaine compacité que l'administration fixe pour chaque département.

Cette compacité varie entre 10 000 et 14 000 pieds pour les tabacs à priser. Elle est ordinairement comprise entre 35 000 et 40 000 pour les tabacs à fumer.

A conditions égales d'ailleurs, les produits sont d'autant plus corsés et riches en nicotine que la compacité est plus faible.

Les sujets sont disposés suivant des lignes généralement perpendiculaires, parfois obliques les unes par rapport aux autres.

La plantation, toujours suivie d'un arrosage, a lieu de préférence le soir. On fait usage à cet effet, soit du plantoir, soit de la truelle. C'est au dernier de ces deux instruments que la préférence doit être accordée car il n'a pas, comme le précédent, le défaut de tasser le terrain, en constituant une gaine verticale qui peut gêner le développement des racines.

***Manquants.*** — Souvent, après la plantation, nombre de sujets disparaissent. Les manquants sont dus à des causes variables. Celles-ci tiennent souvent à l'action des insectes ou de certaines maladies, mais, parfois aussi, au mauvais choix qui a été fait des sujets de repiquage.

Il résulte des observations de MM. Girard et Rousseau, publiées dans le *Journal d'Agriculture Moderne*, que les plants très avancés souffrent plus du repiquage que ceux dont le développement est moyen.

Quoi qu'il en soit des causes de la disparition de certains sujets, ceux-ci doivent être assidûment remplacés.

**15. Travaux d'été.** — ***Les binages*** ont pour effet de détruire les mauvaises herbes, d'aérer le sol et surtout d'y entretenir l'humidité nécessaire à la végétation.

Grâce à ces travaux, on diminue l'évaporation superficielle en rompant les canaux capillaires qui amènent l'eau des couches profondes à la surface.

En même temps, on empêche le ruissellement des eaux pluviales et on facilite leur absorption par les terres.

Le premier binage, pratiqué de façon superficielle, doit avoir lieu dès que la reprise est assurée. Il est renouvelé dans la suite. Des précautions assez minutieuses sont à prendre au début pour éviter de léser les jeunes plantes.

Le dernier binage, plus profond que les précédents, est suivi du buttage.

***Le buttage*** a lieu environ 1 mois 1/2 après la plantation quand les tabacs ont environ 20 centimètres de hauteur.

Aux effets d'un binage énergique, il joint l'avantage de consolider les plantes. On peut le pratiquer par sujets isolés; mais le mieux paraît être de faire en sorte que, à une rangée entière, corresponde une butte. Celle-ci sera large à la base et présentera une section analogue à la figure ci-jointe (fig. 5).

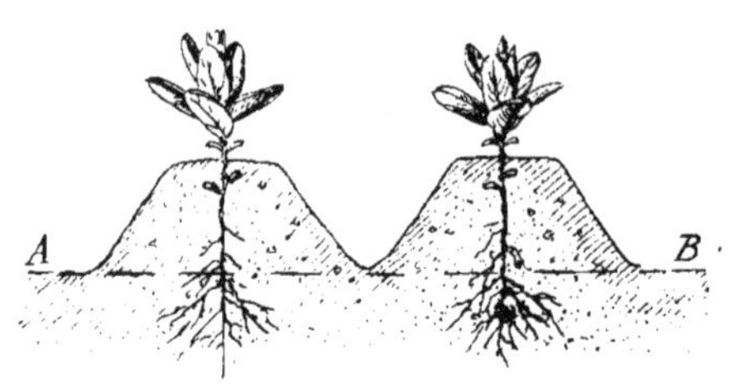

Fig. 5. — Jeunes tabacs après le buttage.

Si le terrain est en pente, les buttes seront, autant que possible, perpendiculaires à la direction générale de son inclinaison. Cette disposition permet, comme on le comprend, de retenir et de bien utiliser les eaux de pluie.

Le buttage est accompagné, ou plutôt immédiatement précédé d'une opération par laquelle on élimine les feuilles les plus basses. C'est le *nettoiement*.

***L'écimage.*** — En général, peu de temps après le buttage, les plantes ont acquis un développement qui permet de procéder à l'écimage. Celui-ci consiste à limiter à un certain chiffre le nombre de feuilles fournies par chaque pied, en supprimant le bourgeon terminal.

Nous pouvons répéter à propos du taux d'écimage ce que nous avons dit au point de vue de la compacité des plantations. En effet, pour une culture donnée et à conditions égales d'ailleurs, les produits sont d'autant moins corsés, ils sont d'autant plus fins que le nombre de feuilles conservées par pied est plus grand.

Quand, au cours de diverses expériences, on fait varier le taux d'écimage à partir d'un certain chiffre, cinq par exemple, à mesure qu'il s'élève, le poids total des feuilles récoltées augmente lui aussi. Il ne faut pas en conclure que le rendement net en argent suive constamment la même marche ascendante. D'une part, en effet, la valeur des produits ne tarde pas à diminuer par suite de leur finesse exagérée : d'autre part, les frais pour main-d'œuvre augmentent et cela bientôt plus vite que le poids même de la récolte.

On comprend donc que, à partir d'un certain chiffre, il n'y a plus de profit à élever le taux d'écimage. Ce chiffre, qui correspond au plus grand avantage du producteur, est très variable.

Il se trouve subordonné aux conditions météorologiques pendant l'année considérée, à la nature du terrain, aux fumures dont celui-ci a été l'objet, bref à tout ce qui peut influer sur la vigueur d'une plantation.

Nous dirons d'une façon tout à fait générale, que l'écimage à 8 feuilles est le plus fréquemment avantageux. Les taux de 9 et 10 sont, d'ordinaire, réservés aux champs les plus fertiles.

En même temps que l'écimage, on pratique l'*épamprement* des tabacs. Par cette opération sont supprimées les feuilles situées à moins de 5 ou 6 centimètres au-dessus de la butte et qui risqueraient d'être détériorées par le contact du sol.

***Ébourgeonnement.*** — Il arrive un moment où le développement des tabacs ne permet plus de donner au sol aucune façon, sous peine de les briser. Les seuls travaux consistent à enlever les bourgeons qui naissent à l'aisselle des feuilles.

Faute de cette précaution, une partie de la sève serait en quelque sorte perdue, ne servant pas au développement des parties utiles de la plante.

**16. Maturité.** — Trois mois, d'ordinaire, après le repiquage, les signes caractéristiques de la maturité commencent à paraître. Des taches jaunes s'étendent à la surface des feuilles. En même temps, le parenchyme de celles-ci devient cassant et la plantation répand une odeur spéciale.

C'est le moment d'entreprendre la cueillette.

Les tabacs récoltés avant maturité n'ont pas tout le poids qu'ils étaient susceptibles d'acquérir et se colorent mal au cours de la dessiccation.

Par contre, un retard exagéré dans la cueillette diminue la combustibilité des produits.

CHAPITRE V

# RÉCOLTE — DESSICCATION — LIVRAISON

**17. Récolte.** — La récolte doit être pratiquée par un temps sec et quand la rosée a disparu. On commence par les feuilles basses, toujours plus hâtives, pour continuer avec les feuilles médianes et terminer enfin par celles de la partie supérieure des plantes. Au fur et à mesure de la cueillette, elles sont placées par petits groupes à la surface du sol pour commencer à se flétrir, devenant ainsi plus facilement maniables.

On les transporte ensuite dans un local où elles attendent la mise en guirlandes. Il faut avoir soin de les disposer ici, non à plat, mais aussi verticalement que possible appuyées contre un mur, la pointe en haut. Cette précaution a pour but d'éviter la fermentation particulièrement à craindre dans des tissus gorgés de liquide.

On peut aussi procéder à la récolte en tiges. Cette méthode, en usage dans les départements du Sud-Ouest, a l'inconvénient de ne pas permettre la cueillette des feuilles au fur et à mesure de leur maturité

***Destruction des souches.*** — Les planteurs sont tenus par les règlements administratifs de détruire les plants de tabac dès que ceux-ci ont été dépouillés de leurs feuilles. Le mieux est de les enfouir au plus tôt par un labour. De cette façon, les éléments contenus dans les tiges sont récupérés par le sol, au grand avantage des intéressés.

**18. Dessiccation.** — ***Généralités.*** — La dessiccation a pour effet principal d'éliminer une grande partie de l'eau contenue dans les feuilles. Le taux d'humidité, voisin de 80 pour 100 pour les tabacs verts, tombe à 27 pour 100 environ dans les produits séchés.

En outre, la dessiccation fait subir aux tissus toute une série de transformations qui aboutissent de façon plus ou moins complète à l'acquisition de certaines qualités dont dépend la valeur des tabacs. La bonne coloration est une des plus importantes. Elle doit être uniforme, brun foncé ou brun clair. Les feuilles, au moment de la livraison, doivent être souples et douces au toucher, leurs tissus présentant d'ailleurs, une certaine résistance à la traction.

La dessiccation étant accompagnée d'une production considérable de vapeur d'eau, il faut user des dispositions voulues pour que celle-ci ne reste pas au contact des feuilles où elle pourrait provoquer des fermentations ou de la pourriture. Cependant l'aération ne doit pas être trop active, surtout au début, car les produits séchés brusquement prennent une coloration désavantageuse. C'est à éviter ces deux écueils que consiste surtout le talent des producteurs.

Nous allons décrire l'une des méthodes les plus en faveur pour la dessiccation :

***Mise en guirlandes***. — On doit procéder à cette opération dès que les feuilles ont acquis la souplesse voulue. Leurs nervures principales étant percées à 3 ou 4 centimètres de la base, on les enfile sur une ficelle, alternativement dos à dos et face à face. Une guirlande se trouve ainsi constituée. Sa longueur ne dépasse pas 1 m. 50 ; le nombre des feuilles qui la composent est tel que, la ficelle étant tendue horizontalement, comme elle le sera au séchoir, chacune se trouve séparée de sa voisine par une distance de 3 ou 4 centimètres.

Souvent pour compléter le fanage on suspend quelque temps les guirlandes dans une position verticale. C'est le *javelage*, qui semble favoriser la coloration ultérieure des produits. Il doit être interrompu dès que les feuilles commencent à jaunir : les guirlandes sont alors disposées horizontalement, à l'intérieur du séchoir.

***Description d'un séchoir*** (fig. 6). — Le séchoir doit être situé en un lieu présentant de bonnes conditions de salubrité et d'aération. Sa largeur et sa hauteur n'excèdent pas, d'ordinaire, 7 mètres, sa longueur étant d'ailleurs proportionnée aux besoins de la culture.

Les parois, généralement en bois, présentent de nombreuses fenêtres qui se correspondent deux à deux. Pour assurer de façon plus complète l'aération, il est bon de ménager des cheminées d'appel dans la toiture. Bien entendu, toutes ces ouvertures doivent pouvoir être fermées hermétiquement.

Des dispositions intérieures assez fréquemment adoptées sont celles que nous allons indiquer. Les guirlandes sont tendues dans les « plans de pente » entre des lattes parallèles qui les supportent. Celles-ci se trouvent elles-mêmes fixées à des montants verticaux. L'écart entre deux lattes voisines ou entre deux files de montants verticaux correspond à la longueur d'une guirlande et ne doit pas, en conséquence, dépasser 1 m. 50 (fig. 7).

Les distances à observer entre les guirlandes dans un même

Fig. 6. — Ensemble d'un séchoir a tabac.

plan de pente et entre deux étages consécutifs de guirlandes sont respectivement de 15 centimètres et de 80 centimètres environ (fig. 6 et 7).

On ménage d'ailleurs des couloirs en nombre suffisant pour permettre de circuler en surveillant la dessiccation.

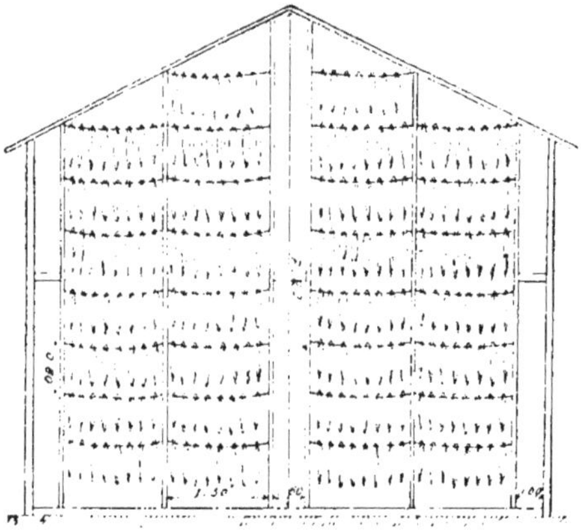

Fig. 7. — Coupe transversale d'un séchoir.

Ces dispositions nécessitent approximativement un volume total (y compris les couloirs) de 5 mètres cubes et demi pour 1000 feuilles.

Notre description se rapporte, d'ailleurs, à un séchoir pour ainsi dire modèle. En réalité, la plupart des planteurs de tabac ne possèdent rien qui y réponde absolument et se contentent d'aménager pour le mieux les locaux dont ils disposent : greniers, granges, etc.

***Dépente et mise en masses des guirlandes.*** — Quand le parenchyme des feuilles est sec, quand la nervure principale elle-même se trouve à peu près débarrassée de l'humidité qu'elle

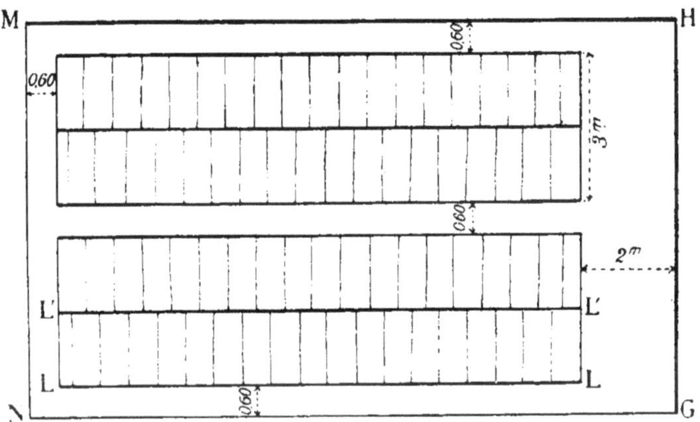


FIG. 8. — COUPE D'UN SÉCHOIR A TABAC PAR UN PLAN HORIZONTAL.
L, L', *etc., sont les lattes horizontales qui supportent les guirlandes.*

contenait, il faut dépendre les guirlandes. Un séjour trop prolongé, à l'arrière-saison, dans les plans de pente, pourrait exposer les feuilles à diverses moisissures.

Les guirlandes, réunies deux à deux par leur extrémité, sont alors placées sur des perches mobiles qui reposent elles-mêmes

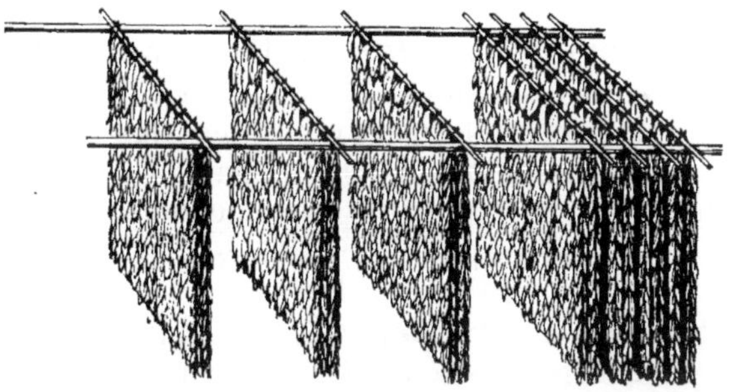

FIG. 9. — GROUPEMENT DES GUIRLANDES APRÈS DESSICCATION.

sur des barres fixes (fig. 9). Cette disposition permet de rapprocher ou d'écarter les produits suivant que l'atmosphère est sèche ou humide. La dessiccation se complète ainsi.

On procède au massage définitif des guirlandes en rapprochant autant que possible les perches mobiles. Cette opération est pratiquée par un temps sec. Les produits constituent alors un groupe compact que l'on peut avec avantage entourer de paille afin de le protéger plus efficacement contre l'humidité. Les masses ainsi formées dans la partie la plus saine du séchoir restent d'ailleurs l'objet d'une certaine surveillance destinée surtout à prévenir les accidents de pourriture et de fermentation. Si ceux-ci paraissaient à craindre, on devrait sans retard, aérer les guirlandes en les écartant.

La mise en masses, en soustrayant les tabacs à l'influence de l'humidité atmosphérique, a aussi pour avantage de faire subir aux produits une sorte de maturation au cours de laquelle leur arome se développe, leur coloration s'améliore et devient plus uniforme.

La méthode que nous venons d'indiquer est susceptible de nombreuses variantes. C'est ainsi que les tabacs du Nord et du

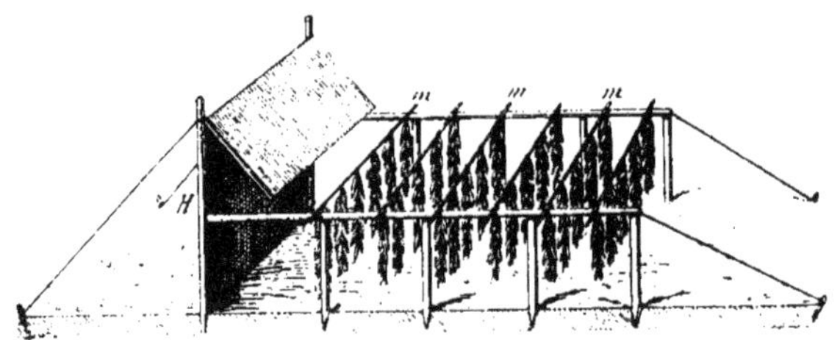


FIG. 10. — DESSICCATION A L'AIR LIBRE.
*Les guirlandes sont attachées aux perches mobiles m, m.*

Pas-de-Calais sont *séchés à l'air libre*. La figure ci-jointe (fig. 10) indique l'une des dispositions adoptées. Les guirlandes sont attachées verticalement à des perches mobiles que l'on peut, si besoin en est, rassembler sous un hangar afin de protéger les produits contre la pluie. Ce système ne saurait être employé sans inconvénient pour les espèces les plus fines comme celles cultivées dans l'Est de la France.

Dans le Sud-Ouest, on pratique la dessiccation en tiges. C'est ensuite seulement que les feuilles sont détachées.

**19. Livraison**. — Les tabacs sont livrés dans les magasins de l'Administration, à certains jours désignés par celle-ci, ordinairement en janvier ou février.

La valeur des produits dépend de la dimension, de la finesse et de l'intégrité des feuilles. Elle varie, en outre, avec certains caractères assez difficiles à préciser, qui résultent plus directement de la dessiccation même. Tels sont la couleur, le brillant, la bonne consistance et la souplesse des tissus.

***Triage***. — Aux divers prix d'achat correspondent des types déterminés de qualités. Les producteurs doivent, autant que possible, se conformer à ceux-ci dans le triage qu'ils exécutent quelques jours avant la livraison.

***Manoquage et emballage***. — Au fur et à mesure du triage on constitue des *manoques* ou bouquets d'un certain nombre de feuilles (25 ou 50) de qualité identique, l'une d'elles servant de lien aux autres (fig. 11). Les manoques réunies en nombre déterminé (100 ou 200) forment des balles (fig. 12). C'est dans cet état que les tabacs sont livrés par les planteurs.

**20. Rendements**. — Les soins dont une culture est l'objet paraissent influer dans une large proportion sur ses rende-

Fig. 11. — Manoque.

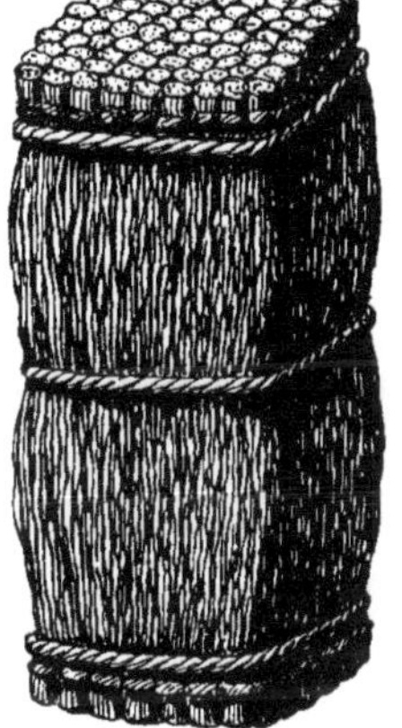

Fig. 12. — Balle.

ments. La campagne de 1906 nous a fourni l'occasion d'établir une comparaison particulièrement probante à cet égard.

De deux plantations situées sur des sols à peu près identiques comme composition, l'une a été constamment placée dans les meilleures conditions possibles au point de vue des divers soins culturaux ; l'autre, au contraire, n'a reçu de ceux-ci que le strict minimum.

La première a fourni 2921 kilogrammes, représentant 3241 francs à l'hectare. L'autre n'a donné que 1850 kilogrammes et 1012 francs.

Au point de vue du tabac à fumer, nous admettrons qu'un rendement de 2400 francs à l'hectare peut être, en général, considéré comme très satisfaisant, bien qu'il soit parfois dépassé dans certaines régions.

Le tabac à priser donne des rendements bruts plus faibles, par suite de la moindre compacité des plantations. Mais, comme les frais qu'il comporte sont en même temps réduits, la différence des profits nets entre les deux genres de production se trouve sensiblement atténuée.

D'une façon générale, la culture qui fait l'objet de cette étude est très exigeante au point de vue de la main-d'œuvre dont une notable partie peut, à la vérité, être fournie par des femmes ou de tout jeunes gens. Le nombre de journées de travail nécessaires pour un hectare de tabac à fumer depuis le premier labour jusqu'à la livraison peut être approximativement évalué à 250.

La production du tabac n'en permet pas moins des bénéfices satisfaisants grâce aux rendements élevés que nous avons mentionnés. Elle est surtout avantageuse dans les régions où l'exploitation du sol se trouve entre les mains de petits cultivateurs.

**21. Culture des plantes reproductrices.** — Les sujets destinés à la reproduction sont désignés par les agents de l'administration parmi les plus sains, les plus vigoureux et les plus précoces.

La culture des porte-graines comporte la série des divers soins culturaux que nous avons indiqués, l'écimage étant excepté, bien entendu.

Une remarque est à faire en ce qui concerne la cueillette des feuilles, qui doit être différée pour le moins jusqu'au moment où les organes de fructification sont parfaitement formés.

La maturité des capsules est caractérisée par une nuance brune. Il est, en général, nécessaire de cueillir isolément celles placées à la partie inférieure de la hampe florale, qui sont plus hâtives.

On dispose d'abord les capsules dans un local aéré où leur dessiccation se complète. Un peu plus tard, on les écrase et les graines extraites ainsi de leurs enveloppes sont tamisées et vannées.

Un sujet reproducteur fournit environ 30 grammes de semences qui sont livrées à l'Administration.

Les planteurs chargés de cette culture spéciale reçoivent une indemnité, en raison des soins supplémentaires qui leur incombent.

CHAPITRE VI

# ENNEMIS DU TABAC — SES MALADIES

## I. — ANIMAUX NUISIBLES AU TABAC

***Les taupes*** commettent parfois d'assez sérieux dégâts dans les couches. A propos de la confection de celles-ci nous avons indiqué comment on peut les défendre en disposant des épines à leur partie inférieure.

**22. Insectes.** — Un certain nombre d'insectes s'attaquent aux organes aériens ou souterrains du tabac. Nous ne pouvons guère que nous borner ici à les mentionner.

***Parmi les coléoptères.*** — *Le hanneton commun.* Sa larve, vulgairement appelée « ver blanc » s'attaque aux racines du tabac, causant parfois d'importants dégâts dans les plantations (fig. 13).

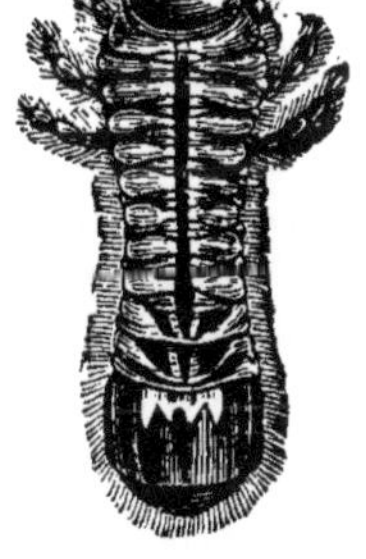

Fig. 13. — Larve du hanneton.

*Le taupin ou élatéride.* — La larve de cet insecte, qui est nuisible à diverses cultures, présente un aspect très analogue à celui du « ver de farine ». Elle est revêtue d'une peau jaune, résistante, qui lui a fait donner le nom de « ver jaune ». On l'appelle également « larve fil de fer ». Sa taille n'excède guère 2 centimètres (fig. 14).

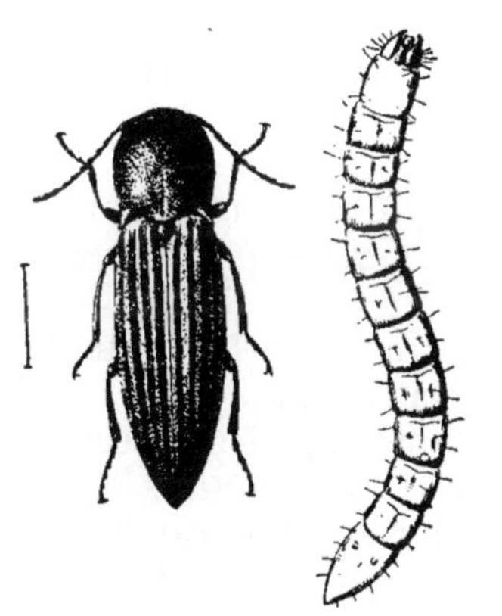

Fig. 14. — Taupin et sa larve.

Le ver jaune s'attaque au collet des plantes et se creuse parfois une sorte de logement dans la partie inférieure de la tige.

***Parmi les papillons ou lépidoptères.*** — *L'agrotis segetum, ou noctuelle des moissons.* — L'insecte parfait est figuré ci-contre (fig. 15). Sa chenille désignée sous les noms de « ver gris » et de « tore » cause des dégâts plus importants encore que ceux du ver blanc

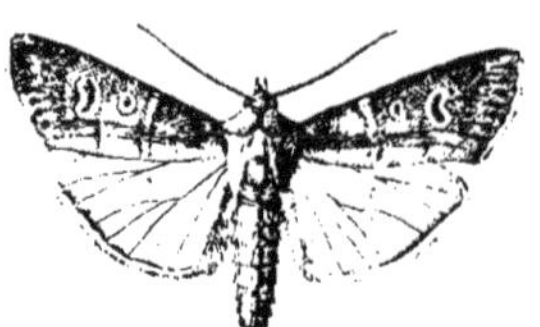

FIG. 15.
L'AGROTIS SEGETUM.

Elle est trop connue des agriculteurs pour qu'il soit nécessaire d'en faire ici la description.

Une grande partie des manquants, après le repiquage, peuvent, dans certains cas, lui être imputés.

Cette larve ronge, elle aussi, le collet des plantes, et le coupe souvent de façon complète un peu au-dessous de la surface du sol.

*La Noctuelle Gamma.* — La chenille de ce papillon se nourrit parfois des feuilles du tabac, mais ne cause pas, en général, de déprédations bien importantes. Elle est de couleur verte et présente six lignes longitudinales plus claires.

***Parmi les Orthoptères.*** — *La courtilière, ou taupe-grillon* (*Gryllotalpa vulgaris*), est un ennemi tout particulièrement à redouter pour les semis qu'elle bouleverse en se livrant à la chasse des vers et des insectes. Les courtilières nuisent également aux jeunes plantations de tabac. Elles sont abondantes surtout dans les terrains frais, riches en humus.

*La Grande Sauterelle verte* (Locusta viridissima) est parfois l'auteur de dégats appreciables vers la fin de la période culturale. Elle se nourrit aux dépens du parenchyme des feuilles qu'elle troue, dépréciant ainsi les produits supérieurs.

***Parmi les Hemyptères.*** — *La punaise rouge du chou* (*Eurydema ornata*), dont les elytres sont rouges et noires, pique les tissus végetaux pour se nourrir des liquides qui y sont contenus.

Elle ne semble pas, d'ailleurs, être jamais bien sérieusement nuisible au tabac non plus que les *pucerons* souvent très nombreux sur les couches.

***Moyens de défense.*** — Il n'existe guère de remèdes bien pratiquement efficaces contre les divers insectes que nous venons de citer.

Pour ceux dont l'existence est en grande partie souterraine, tels que le ver blanc, le ver gris et la courtilière, on a préconisé l'injection dans le sol de certains liquides insecticides, comme le sulfure de carbone. — L'usage des labours profonds avant l'hiver ou à son début est recommandable, car il permet de ramener à la surface des terres les œufs et les larves d'insectes.

Notons, en outre, que, grâce à une plantation précoce, les tabacs ont le temps d'acquérir une certaine résistance avant l'époque où ils sont généralement attaqués par les vers gris.

Quant aux insectes qui vivent sur les parties aériennes de la plante et qui sont d'ailleurs les moins nuisibles, nous ne parlerons pas de l'usage, qui nous semble peu pratique, de substances insecticides, bien qu'il ait été parfois conseillé pour des cultures analogues à celle du tabac. Le mieux paraît être de faire aux divers parasites une chasse active en parcourant fréquemment les plantations.

**23.** ***Les limaces*** sont très à craindre pour les semis qu'elles détruisent parfois en presque totalité et aussi pour les jeunes plants sur le terrain. La variété qui cause le plus de dégâts est la petite limace grise (limace agreste) dont la longueur n'excède guère 2 cm. 1/2. Les œufs de ce petit mollusque paraissent être, le plus souvent, apportés dans les couches avec le terreau même. Ce serait donc un moyen préventif très efficace que de soumettre celui-ci à une température suffisante pour tuer les divers organismes.

Mentionnons aussi l'usage de chaux ou d'autres substances pulvérulentes répandues à la surface du sol.

***Les vers de terre, ou lombrics.*** — En dépit du rôle utile qu'ils jouent dans l'ameublissement et l'amélioration des sols, ces animaux doivent être regardés comme nuisibles aux semis, car ils soulèvent et déracinent parfois les tout jeunes plants. On conseille, pour les détruire, d'arroser la terre à l'aide de brou de noix et de décoctions de feuilles de noyer ou de tabac.

## II. — MALADIES DU TABAC

Nous mentionnerons en premier lieu l'affection qui résulte de la présence d'un grand végétal parasite.

**24. L'Orobanche rameuse.** — Cette plante se nourrit aux dépens de divers végétaux (tabac, chanvre, tomate) dont elle absorbe la sève. La partie inférieure de sa tige est fixée sur la racine du tabac. Ses fleurs sont de nuance bleuâtre.

L'orobanche envahit parfois, vers le mois de juillet, les plantations où elle provoque une maturité précoce et factice en même temps qu'une diminution considérable de la valeur des produits.

La récolte anticipée des tabacs est parfois nécessaire. On

doit toujours empêcher la plante parasite de fructifier. Il faut, d'ailleurs, le plus souvent, abandonner pour quelques années les terrains envahis par l'orobanche.

**25. Moisissure.** — Il arrive souvent que, après dessiccation, les tabacs soient attaqués par diverses moisissures. Celles-ci appartiennent, pour la plupart, à des variétés très connues (Penicillum glaucum, Aspergillus glaucus, Sterigmatacystis nigra) que l'on rencontre fréquemment à la surface des matières organiques exposées à l'humidité.

C'est un moyen préventif des plus efficaces que de masser les produits dans des locaux bien secs. Notons aussi le procédé que nous avons vu employer avec succès pour arrêter l'extension de la moisissure et qui consiste à soumettre les tabacs à l'action de la fumée. Bien entendu, il ne peut être recommandé qu'autant que les locaux dont on dispose permettent d'y recourir sans danger d'incendie.

**26. Maladies proprement dites.** — Le tabac est sujet à un certain nombre de maladies qui ont été étudiées par M. Delacroix, directeur de la station de Pathologie végétale de Paris.

Nous distinguerons d'une part les maladies parasitaires, d'autre part celles dont l'origine est non parasitaire ou inconnue.

***Maladies parasitaires.*** — *Anthracnose, ou Chancre bactérien.* — Cette maladie, qui se manifeste, ordinairement, vers le mois de juillet, est caractérisée par l'apparition sur les nervures des feuilles ou sur la tige, de taches jaunes d'abord, brunes ou noirâtres ensuite.

Aux endroits atteints, le tissu désorganisé se déchire; il en résulte de véritables chancres pouvant atteindre la région médullaire. Les feuilles ainsi éprouvées ne présentent que peu de résistance au vent qui les brise facilement.

La maladie peut être, d'ailleurs, accompagnée de symptômes variables et souvent fort différents de ceux que nous venons d'indiquer.

Parfois elle se propage rapidement au parenchyme des feuilles qui se couvrent de taches brunes à contour irrégulier et prennent ainsi l'aspect « rouillé ».

Parfois, au contraire, l'anthracnose se limite aux nervures dont le développement en longueur se trouve ainsi contrarié tandis que le parenchyme voisin s'accroît normalement. Il en résulte l'aspect frisé bien connu des planteurs de tabac.

La cause de cettte maladie est, d'après M. Delacroix, une

bactérie (bacillus æruginosus) qui s'introduit ordinairement dans la plante à la faveur de quelque lésion. Cet organisme microscopique paraît susceptible de séjourner longtemps dans le sol à l'état de vie latente, permettant ainsi à l'anthracnose de se transmettre d'une culture à la suivante.

On ne peut que conseiller des moyens préventifs tels que l'alternance des cultures, la destruction des pieds malades, etc.

*Pourriture des semis.* — Cette maladie envahit parfois les semis en y formant des taches circulaires plus ou moins étendues. Les jeunes plants semblent pourrir et disparaissent bientôt.

Ici encore la cause du mal est une bactérie dont le développement paraît être favorisé par l'humidité excessive d'une atmosphère confinée. Le terreau des couches lui servirait de véhicule et cela d'autant mieux qu'il est plus riche en humus.

Les meilleurs remèdes consistent dans la destruction immédiate des pieds malades, l'aération des couches, la modération des arrosages, enfin et surtout, dans le renouvellement des terreaux.

La pourriture des semis peut aussi avoir pour cause l'invasion, non d'une bactérie mais d'une variété de moisissure caractérisée par des fructifications vertes. Les méthodes de défense restent d'ailleurs les mêmes.

*La Rouille Blanche.* — Elle est caractérisée par l'apparition sur les feuilles de petites taches qui, jaunes d'abord, deviennent plus tard à peu près blanches. L'extension de ces taches est, en général, limitée rapidement, leur diamètre n'excédant guère 2 millimètres. C'est là aussi une affection d'origine bactérienne qui ne présente, d'ailleurs, que peu d'importance. Elle est parfois confondue avec la « mosaïque » dont nous allons dire quelques mots.

***Maladies non parasitaires.*** — *Mosaïque, ou nielle.* — Les symptômes de cette maladie sont très analogues à ceux de la rouille blanche. Mais, tandis que celle-ci ne prend, d'ordinaire, que peu d'extension, les taches de la mosaïque, au contraire, envahissent parfois toute la feuille. Les tabacs niellés deviennent très fragiles et se pulvérisent facilement au cours de la dessiccation. Ils perdent ainsi une grande partie de leur valeur. La mosaïque est une maladie qui détermine de grands dégâts dans les cultures. Ses causes sont mal connues, mais paraissent tenir aux mauvaises qualités du sol.

*Tabac blanc.* — M. Delacroix indique une particularité qui caractérise nettement cette maladie : quand un sujet en est atteint, les feuilles extérieures de son bourgeon terminal, au lieu de rester dressées, se coudent à angle droit, vers l'extérieur.

Les plants malades accusent une maturité hâtive qui n'est,

d'ailleurs qu'apparente. Leurs feuilles se comportent mal au séchoir où elles restent verdâtres et semblent tout particulièrement exposées à être envahies par des moisissures.

Ici encore on ne peut assigner au mal que des causes incertaines dépendant plus ou moins de la nature du terrain, peut-être aussi des blessures provoquées par le repiquage.

---

# TABLE ALPHABÉTIQUE

# TABLE DES MATIÈRES

## CHAPITRE I

### *Généralités.*



## CHAPITRE II

### *Choix et préparation des terres.*



## CHAPITRE III

### *Les semis.*



## CHAPITRE IV

### *Plantation et travaux d'été.*

## CHAPITRE V

### *Récolte, dessiccation et livraison.*



## CHAPITRE VI

### *Ennemis du tabac. — Ses maladies.*





60 488. — Imprimerie LAHURE, 9, rue de Fleurus, à Paris.

www.ingramcontent.com/pod-product-compliance
Ingram Content Group UK Ltd.
Pitfield, Milton Keynes, MK11 3LW, UK
UKHW021026180726
13838UKWH00004B/1639